U0162235

从零开始自学编程

 音乐制作 

【德】蕾切尔 · 兹特（Rachel　Ziter）/著
杨彦红 袁伟/译

MAKING MUSIC FROM SCRATCH

江苏凤凰文艺出版社
JIANGSU PHOENIX LITERATURE AND ART PUBLISHING, LTD

目 录

导 论

什么是编程？

随意打开智能手机上一个应用程序（app），或点击一个网站，在你自己还没意识到的时候，其实已经在使用编码程序了。简单来说，编程是一种与计算机沟通的语言。通过创建一组代码，你就能用计算机遵循的语言编写指令了。虽然计算机看起来非常智能，但事实并非如此。

计算机知道如何做一件事的唯一原因就是它们已经被编好相应的程序了。计算机的代码，即由人给出的非常具体的指令，使计算机成为我们都认识和喜爱的超级智能设备。事实上，任何人都可以学习编程。在本书中，我们会使用一种特别的编程语言 Scratch 来创建项目。

什么是 Scratch？

Scratch 是一个在线编程平台，从游戏、演示到动画，它使用彩色的编码模块来创建一切。彩色编码模块分为不同的类别，如运动（Motion）、外观（Looks）和声音（Sound）等。通过连接这些彩色模块，你可以开始编码任何你能想到的程序。举个例子，如果你想编码一个人物到处移动并发出声响，就可以从事件（Events）模块开始，再添加一个运动（Motion）模块，最后用声音（Sound）模块作结束。还可以使用控制（Control）模块让事件重复，你想重复多少次都可以。

运行 Scratch 需要 Adobe Flash Player，因此要确保你的软件是最新的。

下载和安装 Flash 请到网站：https://get.adobe.com/flashplayer/

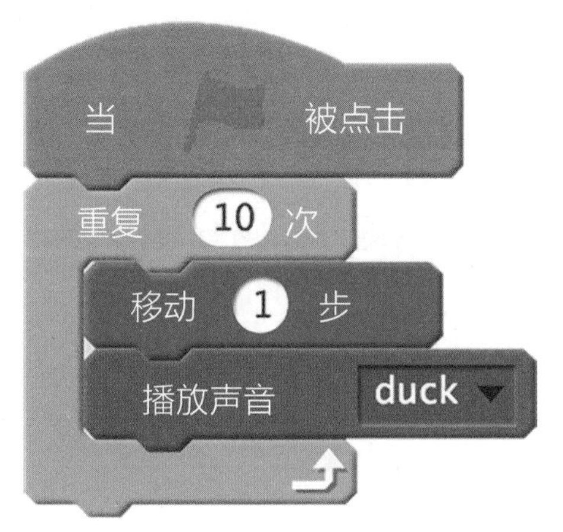

（注：duck 是鸭子的意思。）

提示：

这本书中的项目有一定的难度。

如果你以前没有写过代码，就要从第一个项目开始，然后以自己的方式完成它。

如果在之后的项目中遇到行不通的地方，试试返回之前的项目中去寻找答案。

如何创建一个 Scratch 账户？

你需要一个 Scratch 账户来创建本书中的项目。首先，请进入网站：https://scratch.mit.edu。在右上角，单击加入 Scratch 按钮。

接着会弹出一个窗口，要求你填写创建一个 Scratch 账户的用户名和密码。最好是选择一个你能记住的密码。

创建一个 Scratch 账户很容易，而且是免费的。

选择一个用户名 不要用你的真实名字

选择一个密码

再次输入密码

下一个窗口会要求你填写出生月份 / 年份。这只是为了确保你的年龄已经足够大到可以使用 Scratch 了。如果你小于 12 岁，就需要用父母的电子邮件来获得许可。

你对以下问题的回答会被保密

为什么询问这些信息

出生月份和年份 - 月 - - 年 -

性别 ○男 ○女 ○

国家 - 国家 -

下一个窗口需要填写一个电子邮箱地址。当你注册时，Scratch 会发送一封电子邮件来确认你的电子邮箱地址。之后，只有需要重置密码时，你才会收到电子邮件。

输入你的电子邮箱地址，我们会发给你一封电子邮件，用来确认你的账户。

电子邮箱

确认电子邮箱

☐ 接收 Scratch 团队的更新信息

如何使用 Scratch？

创建 Scratch 账户完成后，你就会在 Scratch 主页的右上角看到你的用户名。如果没有看到用户名，那么就需要登录一下。单击登录并输入你创建的用户名和密码。

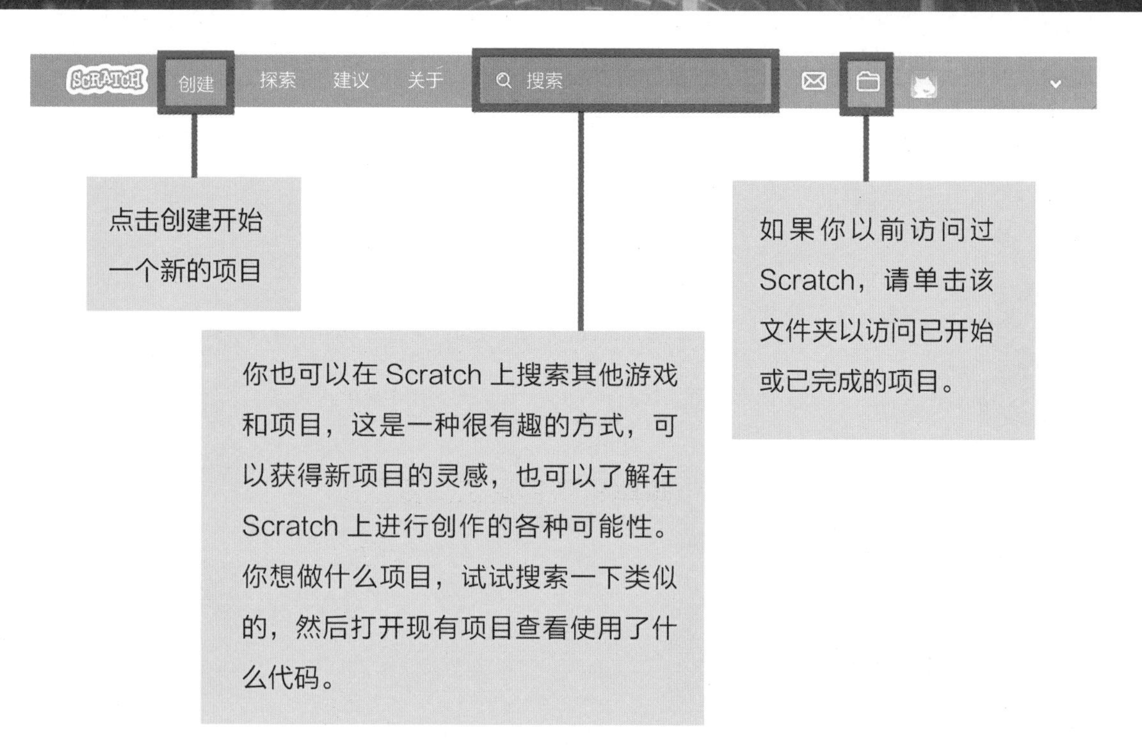
创建
探索
建议
关于
搜索
点击创建开始一个新的项目
你也可以在 Scratch 上搜索其他游戏和项目，这是一种很有趣的方式，可以获得新项目的灵感，也可以了解在 Scratch 上进行创作的各种可能性。你想做什么项目，试试搜索一下类似的，然后打开现有项目查看使用了什么代码。
如果你以前访问过 Scratch，请单击该文件夹以访问已开始或已完成的项目。

当点击“创建”，你的屏幕会显示以下画面：

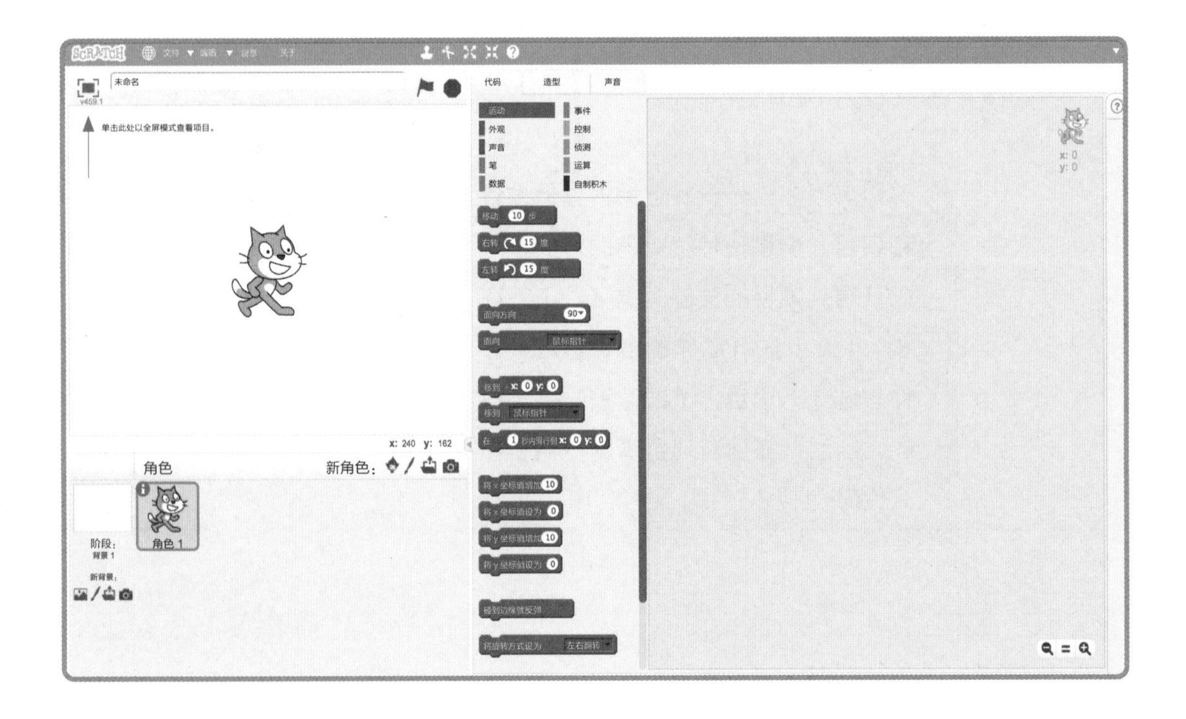

工　具

这些工具可以在屏幕顶部找到，它们有助于创建新项目。单击要使用的工具，它会变成蓝色，而鼠标就会变成这个工具。然后单击想要编辑的内容，完成复制、删除、放大或缩小。

图章——图章用于复制项目中的任何内容。要使用此工具，请单击图标，使光标变成图章，然后单击要复制的任何内容。你可以单击预置字符或一组代码。

剪刀——剪刀用于删除项目中的内容。

向外箭头——向外箭头用于放大字符。持续点击相应的字符，直到它达到你需要的大小。

向内箭头——向内箭头用于缩小字符。持续单击相应的字符，直到它达到所需的大小。

什么是角色？

角色是项目里任何可移动的角色或对象。角色可以通过角色库（Scratch Library）选择，使用绘图工具创建或从计算机上传。Scratch猫就是角色的一个例子。

可以在此框中访问所有角色：